내 몸의 병을 내가 고치는

우리 집 건강 주치의, 〈내 몸을 살린다〉 시리즈 북 !

현대인들에게 건강관리는 자칫 소홀히 여겨질 수 있는 부분이기도 합니다. 소 잃고 외양간 고친다는 말처럼, 큰 질병에 걸리고 나서야 건강의 소중함을 깨닫는 경우가 적지 않기 때문입니다. 이에 〈내 몸을 살린다〉 시리즈는 일상 속의 작은 습관들과 평상시의 노력만으로도 건강한 상태를 유지할 수 있는 새로운 건강 지표를 제시합니다.

〈내 몸을 살린다〉는 오랜 시간 검증된 다양한 치료법, 과학적 · 의학적 수치를 통해 현대인들 누구나 쉽게 일상 속에 적용할 수 있도록 구성되었습니다. 가정의학부터 영양학, 대체의학까지 다양한 분야의 전문가들이 기획 집필한 이 시리즈는 몸과 마음의 건강 모두를 열망하는 현대인들의 요구에 걸맞게 가장 핵심적이고 실행 가능한 내용만을 선별해 모았습니다. 흔히 건강관리도 하나의 노력이라고 합니다. 건강한 것을 가까이 할수록 몸도 마음도 건강해집니다. 책장에 꽂아둔 〈내 몸을 살린다〉 시리즈가 여러분에게 풍부한 건강 지식 정보를 제공하여 건강한 삶을 영위하는 든든한 가정 주치의가 될 것입니다.

● 일러두기

호전반응,
내 몸을 살린다

양우원 지음

모아북스
MOABOOKS

저자 소개

양우원 e-mail : dwo9114@naver.com
전북 장수에서 태어났다. 서울 장신대 자연치유선교학과 대학원 석사과정을 수료, 세계자연치유학회 자연치유시술사(06-83호)를 취득하였으며, 단전호흡과 건강 생활지도 강사로 활발한 강연 활동을 하며 생활습관병에 대한 올바른 식습관 정보를 전달하는 일에 힘쓰고 있다. 저서로는 「생식환으로 살아있는 영양완전정복」 외 다수가 있다.

호전반응, 내 몸을 살린다

1판 1쇄 인쇄 | 2010년 08월 12일
1판 3쇄 발행 | 2013년 02월 18일

지은이 | 양우원
발행인 | 이용길

발행처 | MOABOOKS 모아북스
영업 | 권계식
관리 | 정 윤
디자인 | 이룸

출판등록번호 | 제 10-1857호
등록일자 | 1999. 11. 15
등록된 곳 | 경기도 고양시 일산동구 백석동 1324 동문굿모닝타워2차 519호
대표 전화 | 0505-627-9784
팩스 | 031-902-5236
홈페이지 | http://www.moabooks.com
이메일 | moabooks@hanmail.net
ISBN | 978-89-90539-84-7 03570

아픔을 통해 몸을 해독하는 호전반응

21세기의 최고의 건강법 중에 하나가 바로 디톡스Ditox이다. 디톡스란 대체의학에서 추구하는 해독 건강법으로서, 화학치료를 배제한 다양한 자연치료로 우리 몸의 독소들을 제거해 건강한 면역력을 되찾는 치유과정을 뜻한다.

현재 우리는 문명과 기술의 발달이라는 신기원 속에서 살아가지만 동시에 많은 것을 잃어가고 있다. 순수한 자연환경 속에서 순수한 음식물을 얻을 수 있었던 과거에 비해, 현재 우리는 다양한 오염 원인들의 범람 속에서 살아가는 불행한 처지라고 할 수 있다.

농작물의 병충해를 막기 위한 무분별한 농약 사용, 음식의 상품가치를 높이기 위한 식품첨가물의 범람, 농작물의 비정상적 성장을 위한 화학비료와 성장촉진제의 사용, 도시의 공업화, 산업화로 인한 수질과 대기오염, 자동차의 증가로 인한 대기의 피폐화, 이 모두가 현재 우리의 생명을 위협하는 요소로 등장하고 있다.

이처럼 토양과 수질, 대기, 식품의 오염 모두가 시급한 문제이지만, 디톡스와 관련해 무엇보다도 심각한 것은 식품의 오염과 불균형이라고 할 수 있다. 식품이 오염되었다는 것은 이중의 오염 위험을 안겨준다. 첫째는, 음식물을 통해 몸의 해독을 실시하는 우리 인체에 지대한 반작용의 악영향을 미치게 된다는 점이고, 둘째는 나아가 오염된 식품을 섭취함으로써 독 위에 또 다른 독을 짐 지우는 악순환이 반복될 수 있다는 점이다. 셋째, 정제되지 않은 식탁, 바쁜 생활 등으로 인한 영양 불균형이 몸 안의 독소를 더욱 배가시킨다는 점도 큰 문제이다. 이런 점 때문에 일상적인 건강을 유지하기 위해 순수한 영양소 형태의 기능식품을 섭취하는 일이 많아지고 있는데, 이 때 우리의 신체에 다양한 변화가 자신도 모르게 발생할 수 있는 만큼 이에 대한 몇 가지 건강 지식도 반드시 필요하다.

첫째, 기능식품 섭취 효과는 결코 순간적으로 나타나지 않는다. 우리 몸은 치유의 과정에서 반드시 아픔을 동반하고 체내 세포가 바뀌는 4개월의 주기를 지나야 그 효과를 제대로 느낄수 있다. 둘째, 치유 효과는 결국 해독을 의미한다. 우리 몸은 현재 다양한 독소들로 인해 원활한 신진대사가 어려운 상황이다. 이럴 때 순수한 영양소는 우리 몸을 정화시키고 체내 조직을 정비하는 역할을 한다. 이때 반드시 호전반응이라는 치유 현상을 일으키는데, 이것은 다양한 형태의 통증과 불편감을 동반한다. 그리고 이 불편감과 통증을 즐기며 이겨내야만 몸의 해독이라는 궁극적인 목표에 도달할 수 있는 것이다.

이 책은 기능식품의 섭취로 인한 다양한 호전반응을 다루었다. 좋은 음식과 영양소를 섭취함으로써 나타나는 호전반응은 이제 더 이상 단순한 몸의 고통이 아니라 체내의 화학물질과 독소를 배출함으로써 전 지구적 오염 속에서도 건강을 이어나갈 수 있는 중요한 건강 키워드로서 우리 몸이 새롭게 태어나는 과정이라 할 수 있다. 그럼에도 많은 이들이 아직 호전반응에 대해 두려워하거나 이에 대한 제대로 된 지식을 겸비하지 못한 경우가 많다.

이 책은 바로 여기에 주안점을 맞추어 해독과 통증, 호전반응에 대한 중요한 부분들을 핵심적으로 다루고자 한다.

- 호전반응에 대한 지식을 알고 싶으신 분들
- 명현현상과 호전반응에 대해 알고 싶으신 분들
- 해독에 대해 관심이 있으신 분들
- 면역력에 대해 관심이 있으신 분들
- 기능식품 섭취 뒤 몸에 통증을 느끼셨던 분들

이 모든 분들께 이 책이 도움이 되었으면 한다.

2010년 8월 양 우 원

차 례

1장 호전반응의 놀라운 사실

1) 호전반응이란 무엇인가?

몸에 상처가 생겼을 때 그 부위가 아물기 시작하면 심한 가려움이 찾아든다. 이는 다친 조직 세포들이 활발하게 움직여서 새로운 세포를 만들어내면서 발생하는 것이다. 침과 뜸, 지압 등의 한방 치료에서도 마찬가지다. 몸이 아픈 상태에서 침과 뜸을 맞고, 지압 등을 받고 나면 처음 며칠 동안은 계속해서 몸살처럼 통증이 느껴지거나 고열이 찾아오기도 한다. 하지만 이 모두는 결과적으로 병이 낫기 위한 과정인 만큼 단순한 통증과는 구분되는 것이라고 볼 수 있다.

이처럼 치유에 대한 반응으로 나타나는 증세를 한의학에서는 호전반응, 또는 명현현상이라고 하는데 호전반응의 시초는 중국의 사서삼경중의 하나인 서경에서 "약을 복용하고 호전반응이 발생하지 않으면 질병이 낫지 않는다"고 말한 구절에서 비롯되었다고 한다.

한의학에서는 호전반응을 긍정적인 것으로 평가한다. 병의 치료 과정에서 자연스레 유발되는 인체의 면역반응, 또는 질병 자체의 치유과정이 진행되면서 자연스럽게 표출되는 반응이라는 것이다. 이는 한의학의 경우 병을 국소 부위의 문제가 아닌 전신적인 문제로 바라보고, 치유 과정에서 전신에 전혀 예기치 않은 반응이 나타나게 된다고 보기 때문이다. 그래서 동양의학에서는 "명현이 없으면 병이 낫지 않는다"는 말이 있을 정도로 오래 앓아온 병이 나으려면 일정한 호전반응을 겪어야 한다고 말한다.

심지어 오래전 중국 문헌에서는 중국 황제 고종도 "약을 먹을 때 눈이 멀 정도가 아니면 효험이 없다"는 언급이 나와 있는데, 평소 질병을 갖고 있던 몸이 명약이나 좋은 음식을 받아들이면서 특이적 반응을 보이는 것은 당연한 일이며, 또한 호전반응이 심할수록 그 약효도 더 탁월해진다고 볼 수 있을 것이다.

그렇다면 이 같은 호전반응은 왜 일어나는 것일까? 예로 일상적으로 우리 주변에서 건강기능식품을 섭취하는 사람들을 보자. 이들 중에 많은 수가 생각지도 못한 호전반응을 경험하고 당황하거나 놀라는 경우가 있다. 처음에는 그저 몸에 좋은 것이겠거니 일정 기간 섭취하다가, 평소 가졌던 증상이 심해지기도 하고 없던 변화가 발생하니 놀랄 수밖에 없는 것이다. 이는 해당 기능식품이 평소 가지고 있는 질병이나 깨어진 신체 균형에 작용하면서 해독을 실시하는 과정으로 보아야 한다. 녹슨 수도관을 뚫으려면 그 관을 막은 녹 덩어리를 떼어내야 하는 것처럼, 기능식품의 성분들이 몸속의 독소와 질병을 몸 밖으로 몰아내는 과정인 것이다. 이 때문에 평소 특정 질병을 가지고 있었던 사람은 그 증상이 더 심해지기도 하며, 심지어 어디가 아픈지도 몰랐던 사람이 평소 앓지 않았던 증상을 경험하게 된다.

우리 몸에 이처럼 호전반응이 나타나는 요인은 크게 체외요인과 체내요인 두 가지로 나뉜다. 우선 체외요인은 우리가 일상적으로 부딪치게 되는 외적인 건강 저해 요인들로서 식품첨가물과 의약품, 환경의 오염, 농약, 운동의 부족, 직무상 스트레스 등을 들 수 있다. 이런 외적 요인들은 현대를 살아가는 모든 사람들에게 위협적인 요인들로서 사실상 우리 스스로의 힘으로는 미연에 방지하는 것이 어렵다. 즉 아무리 노력해도 일정 정도 계속해서 유독한 물질이 우리 몸 안에 쌓이게 된다.

두 번째는 체내요인이다. 다양한 이유로 호르몬이나 자율신경의 균형이 깨졌을 때, 잘못된 식습관으로 인한 영양 불균형이 일어날 때, 우리 몸은 신진대사의 불균형을 겪게 된다. 이처럼 신진대사가 제대로 이루어지지 않으면 당연히 몸 안의 독소가 배출되지 않고 쌓이게 되면서 질병을 얻게 된다.

*** 호전반응을 일으키는 요인들**

체외 요인	체내 요인
· 물의 오염 · 토양의 오염 · 식품의 오염 · 대기의 오염 · 운동 부족 · 스트레스	· 대사 이상 · 호르몬과 자율신형 불균형 · 노화 · 영양 불균형 · 영양 부족

즉 호전반응이란 위의 두 요인으로 인해 몸 안에 쌓인 독

소를 해독하면서 나타나는 현상이며, 만일 자연치료를 받거나 기능식품을 섭취할 때 호전반응이 나타난다면 현재의 치료나 기능식품이 제 효능을 내고 있다는 뜻으로 받아들일 수 있다.

반대로 호전반응이 나타나지 않을 때는 몸이 그 치료와 기능식품에 반응하지 않는 것인 만큼 치유법이나 기능식품의 종류를 바꿔야 할 필요가 있을 수 있다. 이런 면 때문에 건강기능식품을 섭취하면서 호전반응을 경험한 사람들은 하나같이 "호전반응이 없었더라면 해당 제품의 효능을 못 믿었을 것"이라고 말하는 것이다. 나아가 호전반응의 양상에 대해서도 알아보자.

일반적으로 병의 증세가 가벼운 사람의 경우는 호전반응이 빨리 시작되고 빨리 끝나지만, 증세가 심각한 경우 뒤늦게 나타나 오래 지속된다. 따라서 호전반응은 중증인 사람에게 더 고통스러울 수 있으며, 처음에는 가볍게 나타나다가 점점 심해진 다음 차츰 사라지게 된다.

또한 사람에 따라, 병의 상태에 따라, 평소 몸 안의 독소량이 얼마나 되는가에 따라 제각각 발현 양상이 다르지만,

호전반응을 겪고 나면 반드시 몸이 가벼워지고 정신이 맑아지는 현상을 느낄 수 있으므로 달갑게 받아들여야 한다.

물론 사람에 따라 호전반응이 심해서 견디기 힘들 때는 치료를 잠시 중단하거나 전문가에게 상담 후 증세가 어느 정도 가라앉으면 다시 시작하도록 한다.

이 패턴을 몇 번 반복하면 호전반응도 점차 사라지고 제품 사용 전과 후를 비교했을 때 상당히 건강해진 것을 느끼게 될 것이다. 그렇다면 호전반응은 의학적으로 어떤 의미가 있으며, 나아가 일반적인 대증치료에서는 어째서 호전증상이 나타나지 않는지도 살펴볼 필요가 있을 것이다. 다음 장을 연이어 보자.

2) 자연요법과 화학요법은 어떻게 다른가?

호전반응은 쉽게 말해 동양의학적 관점의 것이다. 서양의학에서는 통증이 심해진다는 것을 일차적으로는 부정적으로 받아들이는 견해가 크기 때문이다.

반면 동양의학에서는 호전반응을 반가운 것으로 바라본

다. 그렇다면 과연 이런 차이는 어디서 생기는지, 서양의학과 대체의학은 과연 어떤 면에서 다른 방식의 치료를 사용하고, 그 안에서 호전반응이 어떤 의미를 가지는지를 살펴보자.

의학은 크게 현대의학과 대체의학으로 구분할 수 있다. 현대의학은 다른 말로 대증요법의학allopathic medicine이라고 칭하는데, 대증요법의 특징은 전신치료보다는 국소적인 증상을 억제하거나 없애는 것에 초점을 맞춘다는 특징이 있다. 반대로 대체의학은 병이라는 것은 결국 전신적인 문제이며, 증상의 완화보다는 근본 원인을 제거해야만 완치가 가능하다는 이론 하에 약재의 사용을 절제하고 식생활 관리, 생활 관리 등의 다양한 요법들을 동시에 사용한다.

***현대의학과 대체의학의 차이점**

구 분	현대 의학	대체 의학
성질	차가움	따뜻함
체온	저하	상승
특성	부분 치유	전체 치유
반응	부작용	호전반응
기간	단기간	장기간
독성	있음	없음

자연치료라고도 불리는 대체의학은 기본적으로 동양의학의 관점에 의거한다. 인류가 질병이라고 부르는 질환에는 크게 우리 신체의 외부요인의 침해해서 오는 감염성 질환과 내부요인의 부조화에서 오는 만성질환 즉 생활습관병이 있다는 것이 대체의학의 관점이다.

이 분류법을 기준으로 현대인들이 앓고 있는 질환의 경향을 분석해 보면, 세균이나 바이러스에 의해서 발병하던 감염성 질환은 현저하게 감소했고, 대신 만성퇴행성 질환이 증가하고 있다. 이것은 비단 선진국뿐만 아니라 우리나라와 지구촌 대부분의 국가에서 발생하고 있는 현상이다.

이 현상은 한 가지 사실을 말해준다. 지난 150년 간 과학의 발달로 인한 약물과 수술요법으로 대변되는 대증요법이 주가 되는 근대 일반의학Allopathy medicine이 더 이상 탁월한 기능을 발휘할 수 없게 되었다는 점이다.

이를 증명이라도 하듯이 현재 지구촌에서 자연의학을 이용하는 의사들이 늘어나고 일부 국가는 그 사용률이 70%에 이를 정도이다.

특히 이는 선진국일수록 더하고, 나아가 WHO도 각국에서 대체치료를 적극 이용하도록 권장하고 있을 정도이다.

즉 새로운 형태의 질환 치료법에는 병원 치료 중심의 서양의학적 방법보다는 각국에서 자연발생적으로 이어온 전통의학TM:Traditional Medicine이 그 비용과 효과 면에서 우수하다는 사실이 입증되고, 합리적인 서구인들 또한 이 부분을 깨닫고 현대의학의 한계를 극복하기 위해 보완대체의학CAM:Complementary and Alternative Medicine을 이용하고 있는 것이다.

실제로 독일, 영국 등 유럽과 미국의 경우 대체의학이 현대의학을 앞선 곳으로 평가된다. 독일에는 약 2만 명의 대체의학 의사들이 활동하고 있고, 프랑스도 의사의 40%가 동종요법으로 환자를 치료한다.

나아가 미국도 가정의학과 의사 10명 중 7명이 자연의학 치료를 겸하고 있고, 유명 의과대학 교과과정에 대체의학이 필수과목으로 지정되어 있다.

그렇다면 이 같은 의료 선진국들이 자연의학에 몰두하게 된 이유는 뮈엇일까? 첫째는 고혈압과 당뇨병, 심장병, 뇌졸중, 암과 비만 등 현대인을 죽음으로 몰고 가는 만성질환과 생활습관성 질환들, 그리고 새로운 바이러스성 질환에 대하여 현대의학이 그 한계성을 드러냈기 때문이다. 둘째는 증상 부위에 직접 처치하는 철저한 대증요법으로는 보이지 않는 증상의 원인을 해소하기 어렵다는 것을 깨달았기 때문이다.

예로 미국의 노벨상 2회 수상자 라이너스 폴링 박사는 '단편적이고 분석적인 현대의학 대신, 인간을 다루는 의학은 종합적이고 전인적인 접근 방식이 필요하다' 고 강조한다. 또한 오히려 현대의학이 인간의 건강 증진에 방해가 될 수 있고 앞으로 질병을 예방하고 교육하는 쪽에 관심을 기울이지 않을 경우 현대인의 건강한 미래는 희망적이지 않을 것이라고 덧붙였다.

폴링 박사가 지적한 현대의학의 한계는 호전반응에서도 뚜렷하게 나타난다. 호전반응은 사실상 모든 치료에서 나타나는 현상일 수 있다.

몸의 해독과정과 치유과정은 필연적으로 몸의 활발한 활동을 요하고, 그 과정에서 통증을 동반하는 현상이 발생할 수 있기 때문이다. 하지만 이런 호전반응을 바라보는 동서양의 의학계의 시선은 상당히 다르다. 일반적으로 서양의학에서는 호전반응을 인정하지 않는 분위기이기 때문이다.

서양의학에서는 호전반응을 일반적으로 '부작용' 이라고 언급하는데, 이는 서양의학의 입장에서는 호전 시 나타나는 일시적 증상까지도 하나의 질병으로 바라보기 때문이다. 따라서 치료 도중 환자의 상태가 심해지면 병이 악화된 것으로 간주해 곧바로 치료를 중단하는 것이 관례였다.

하지만 최근 과학적으로 증명되지 않았다는 이유로 하나의 주장에 불과하다고 여겼던 호전반응에 대한 과학적 증명들이 속속 등장하고 있다.

그중에서도 가장 신뢰할 만한 것은 바로 "치유의 위기 crisis for healing"라고 불리는 개념이다. '치유의 위기' 란 치료를 받던 환자가 갑자기 더 심한 통증을 느껴 치료를 중단하게 될지도 모르는 위험 상황을 말한다.

그리고 현재 서양의학 역시 이 시기를 중요시 바라보면서, 이 위기를 잘 견뎌야 질병으로부터 건강을 지켜나갈 수 있다고 강조한다.

3) 몸의 열에너지가 독소를 제거한다

그렇다면 대체의학 치료에서 호전반응이 나타나는 것은 어떤 작용에 의한 것일까? 그리고 호전반응이 우리 몸을 치유할 수 있는 근원은 무엇일까?

이는 우리 몸의 치유 시스템에 그 비밀이 있다. 인체, 나아가 모든 생명체는 기본적으로 자연적으로 질병을 치유할 수 있는 강력한 면역 시스템을 가지고 있다. 낡고 변형되거나 병든 세포를 처리하고 대신 새로운 세포를 되살리려는 자연적인 재생능력이 내재되어 있는 것이다. 그리고 이런 재생능력을 극대화시키고 원활하게 기능할 수 있도록 하는 가장 중요한 원천이 바로 몸의 열에너지이다.

생물체의 생명은 근본적으로 태양빛에 근거한다. 열에너지는 식물에게는 성장의 힘을 주고, 곡물에게는 곡식을 맺을 수 있는 연료가 된다. 토양도 마찬가지로 태양의 열에너지를 통해 부식을 이루어 땅을 비옥하게 한다.

인간의 세포 또한 크게 다르지 않다. 만일 인체가 저체온으로 시달린다면 인간의 생체활동도 필연적으로 멈추게 될 수밖에 없는 것이다.

한 예로 인간의 사망률은 체온이 가장 낮아지는 새벽 3~5시에 가장 높다. 만일 인간의 체온이 여러 이유로 30도 이하로 내려가면 모든 생체활동이 멈추면서 목숨을 잃게 된다.

비단 목숨뿐만이 아니라 우리의 자연치유 재생능력, 나아가 면역력도 마찬가지다. 인간의 몸은 세포로 이루어지고 이 세포들은 반드시 외부에서 들어온 음식물의 영양소들을 나름의 화학 활동을 통해 변형시켜 받아들인다. 이런 세포의 가장 기본 단위를 미토콘드리아라고 하는데, 이 미토콘드리아는 정상적인 체온과 제대로 된 영양 균형, 자연적 생활 하에서 가장 강한 활성력을 보인다. 그런 면에서 재생 시스템의 가장 큰 적은 바로 냉기와 범람하고 있는 화학물질이라고 할 수 있다.

몸이 차가워지고 외부의 냉기가 심해지는 동시에, 다량의 유해물질이 몸 안에 유입될 경우 몸 안의 에너지를 발생시키고 튼튼한 구조를 만드는 미토콘드리아의 작동도 원활해질 수 없는 것이다.

미토콘드리아가 대사증후군 치료 열쇠

미토콘드리아의 이상이 비만과 함께 당뇨, 고혈압 등을 앓게 되는 대사증후군과 직접적인 관계가 있다는 사실이 국내 연구진에 의해 입증되었다.

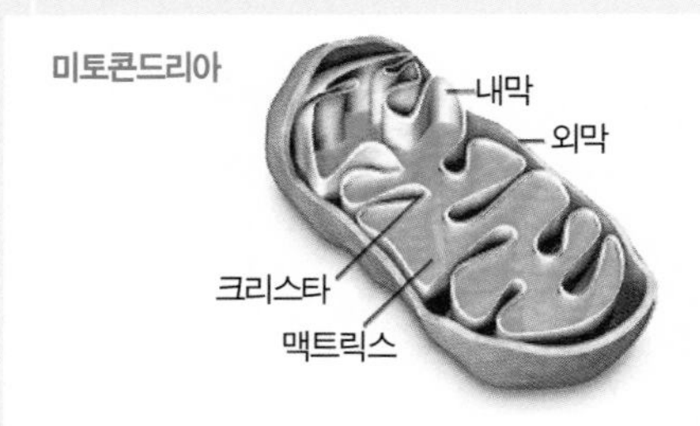

서울의대 이홍규 교수와 울산의대 김영미 교수 연구팀은 13일 미토콘드리아를 파괴하는 독성인자(가칭 미토엑스:Mito-x)를 시험용 쥐에 투약했으며 2개월 뒤 실험용 쥐에서 보통 쥐와 달리 대사증후군의 핵심적인 지표인 복부비만과 인슐린 저항성이 나타나는 것을 확인했다고 밝혔다. 이 연구결과는 14일 제주에서 열리는 '제5차 아시아태평양 동맥경화 및 혈관질환학회 학술대회' 에서 발표될 예정이다.

김 교수는 "미토콘드리아 이상과 성인병의 연관성은 대사증후군 환자의 세포 내 미토콘드리아 농도가 낮다는 역학적인 관찰을 통해 이미 알려져 있었지만 이번 연구의 의미는 이것을 실험적으로 입증해 냈다는 것" 이라고 설명했다.

김 교수는 "현재의 대사증후군 치료는 혈당과 혈압, 혈중지질 농도를 낮추는 대증적 치료라고 할 수 있지만 미토콘드리아의 기능을 개선시키는 치료제가 개발된다면 대사증후군의 근본적인 치료도 가능할 것" 이라고 전망하면서 이미 후보물질을 이용한 동물실험이 진행중이라고 밝혔다.

김 교수는 "세포 내 발전소인 미토콘드리아의 기능을 개선시키는 가장 손쉽고도 효과적인 방법은 꾸준한 운동으로 발전소의 용량을 늘리는 것" 이라고 덧붙였다.

연합뉴스2006-04-13

한 예로 감기는 우리 몸의 체온이 낮아질 때 걸린다. 그러나 비단 가벼운 질병인 감기뿐만 아니라 암과 당뇨병, 고혈압 등도 마찬가지이다. 이런 질병들이 발생하는 것은 우리 몸의 열에너지를 다양한 이유들로 잃게 되면서 세포 활동이 둔해지고, 나아가 노화와 질병을 방지해주는 자연치유와 해독작용이 동시에 둔해지기 때문이다. 이는 우리가 여름보다는 겨울에 뇌졸중, 감기, 고혈압 등 더 많은 질병에 노출되는 이유 중에 하나다.

따라서 우리는 생활 속에서 우리 몸의 신진대사와 생명활동을 방해하고 열에너지를 빼앗아 저체온을 불러오는 다양한 요인들에 대비하고 최대한 그런 위험 요인들을 멀리할 필요가 있다.

아무리 강한 면역 시스템도 지속적인 스트레스와 불규칙한 생활 리듬, 화학 성분의 침해, 질 나쁜 식사 등 다양한 공격 원인들을 한꺼번에 견뎌내기는 불가능하다. 그러나 안타깝게도 현대의 사회 시스템은 우리의 면역력을 혹사시키는 요인들로 가득하고 그럴 때 우리 몸은 본래의 따뜻한 열에너지를 잃게 된다.

이럴 때 우리 몸을 지켜주는 것이 바로 자연의학에서 강조하는 올바른 섭식과 자연에 가까운 생활이다. 한 예로 운동을 하는 것은 몸의 열에너지를 높여 신진대사를 활발히 하고 불필요한 노폐물을 땀과 에너지 활성을 통해 제거한다. 또한 건강기능식품들을 꾸준히 섭취하는 것은 일상적인 식탁에서 부족한 영양을 충족함으로써 세포의 활성화와 열에너지의 증가를 돕는다. 이런 요소들이 복합적으로 작용하면 냉기에 갇혔던 몸의 세포들이 깨어나면서 풍부한 해독작용을 시작하게 되는데, 그것의 일환이 바로 호전반응인 것이다.

즉 지금까지 우리가 살펴본 호전반응은 결국 우리 몸의 열에너지 활성화에 관련이 있다. 다음 장에서는 이런 호전반응들이 어떤 메커니즘과 양상으로 이루어지는지 좀 더 자세히 살펴보도록 하자.

4) 호전반응은 면역력 회복의 신호다

인간은 누구나 제각기 몸속에 노폐물을 지니고 있다. 아무리 아름다운 정신과 외모를 가진 사람도 결국은 외부적 · 내부적 환경에 의해 정신적인 스트레스, 나아가 다양한 오염 환경에서 많은 음식들을 섭취할 수밖에 없다. 그러나 별다른 병을 앓지 않더라도 누구나 조금씩 몸에 탈이 날 수밖에 없는 것이 당연하다.

또한 질병을 앓고 난 뒤에도 마찬가지다. 질병은 다양한 화학적 반응과 피로 등을 동반하는 만큼 기간이 길어질수록 노폐물이 쌓이기 마련이다. 이는 우리가 생활습관병이라고 불리는 내부의 상처만이 아니라 신체 일부에 크게 상처를 입어도 마찬가지다. 비록 외과적인 치료를 통해 상처는 아물었을지라도 몸은 그 당시의 기억을 가지고 있게 된다.

호전반응의 놀라운 점은 바로 이 같은 다양한 내외부의 흔적들이 직접적으로 표출되면서 노폐물이 빠져 나온다는 점이다. 그래서 평소 자신이 건강하다고 생각했던 사람들의 경우 호전반응에 깜짝 놀라는 경우가 많다.

호전 반응이 일어나면 아주 오래전에 경험했던 질병이나 상처가 도지기도 하고, 평소에는 인식하지 못했던 잠재적인 질병이 드러나기도 하는데, 체내에 독소가 많거나 평소에 동물성 지방, 당분, 자극적인 음식물을 선호했던 사람,

식품첨가물이나 화학적약품 등을 많이 섭취했던 사람의 경우 잠재적인 질병자로서 호전반응이 더 강하게 일어나게 된다. 반면 체내 노폐물이 많지 않고 식생활이 건강한 경우에는 호전반응도 약하게 일어난다. 그렇다면 이런 호전반응이 어째서 때로는 심각하고 때로는 가벼운지, 어째서 증상이 심각할수록 통증도 심해지는지를 알아보자.

호전 반응	질병 상태
나른하고 졸립고, 목과 혀가 건조하다. 빈뇨, 방귀가 있을 수 있다.	산성체질자
머리가 무겁고 어지러운 증세가 1~2주 지속되며 무기력감을 느낀다.	고혈압환자
가벼운 코피가 날 수 있다.	빈혈이 있는 상태
가슴이 답답하고 미열이 있고 식욕이 떨어진다.	위기능 쇠약 상태
궤양 부위가 아프고 답답하다.	위궤양이 있는 경우
위 부위가 답답하고 구토가 인다.	위하수 상태
설사를 한다.	장질환자
구토가 일고 피부가 가렵고 발진이 생길 수 있다.	간기능 쇠약자
대변에 피와 핏덩어리가 섞여 나오는 경우가 있다.	간경화증
얼굴이 붓고 다리 부분에 가벼운 부종이 나타난다.	신장병
배설되는 당분 농도가 일시적으로 증가하고, 손발이 붓고 무기력하다.	당뇨질환자
초기에 더 심해지다가 사라진다.	여드름이 있는자
대변에 피가 섞여 나올 수 있다.	치질이 있는 자
입안이 마르고 구토가 일며, 어지럽고 가래가 끓는다.	만성기관지염
가래 양이 많아지고 가래 색이 노란빛을 띤다.	폐기능쇠약자

호전 반응	질병 상태
콧물이 늘고 진해진다.	축농증 환자
피부 가려움증이 잠시 나타난다.	피부과민자
잠들기가 어렵고 쉽게 흥분한다.	신경과민자
입이 마르고 꿈을 많이 꾸고 위가 불편하다.	백혈구 감소자
환부가 더 아프다.	신경통이 있는 상태
무력감이나 통증이 찾아온다.	통풍질환자
온몸이 무력하고 통증이 느껴지지만 2~3일이면 사라진다.	생리통있는 상태

우리 몸의 세포에는 외부요인과 체내요인 등으로 생성된 다양한 피로물질과 유해물질이 포함되어 있다. 이럴 때 건강기능식품을 섭취하거나 자연치료를 받으면 세포와 혈액의 정화가 이루어지게 된다.

이때 일어나는 현상이 혈류의 회복인데, 혈류의 회복은 피가 막힘없이 잘 흐르는 것을 의미한다. 그리고 이처럼 피가 잘 흐르면 혈관의 확장이 일어나고 동시에 혈액 속의 피로물질과 유해물질이 밀려나면서 몸 안의 특정 부분, 또는 구석구석에 통증을 일으키게 된다.

면역력 회복을 통해 질병을 치료하는 과정에서도 마찬가지다. 암 치료 시 자연치료와 기능식품의 역할은 망가진 면역력을 회복하는 것이다. 그 첫 단계는 바로 몸의 온도를 높이면서 발열을 일으키는 것인데 수많은 연구에 의하면 우리 몸의 온도가 1도 올라가면 면역력이 5~6배 증가한다고 한다.

이렇게 몸의 온도를 따뜻하게 유지하면서 암세포를 공격하는 임파구가 증가하고 그 활동이 활발해지면서 암 조직이 소멸되고 죽은 세포들과 병의 원인들이 배출되게 된다. 많은 환자들이 이 과정에서 발열로 인한 통증을 느끼고, 그 외에도 폐암의 경우는 기침과 가래가 더 심해지고, 방광암은 혈뇨를 보기도 하며, 대장암의 경우에는 혈변과 설사가 잦아지기도 한다.

한의학에서는 나병이 무서운 이유는 아픔을 느끼지 못하기 때문이라고 말한다. 통증을 느낀다는 것은 상처 위에 새살이 돋는 것처럼 우리 몸이 재생능력을 가졌다는 것을 의미한다. 이 때문에 전통적인 나병 치료는 환자의 아픔을 회복시켜줌으로써 증상을 완화하는 것이 기본이었다.

즉 아픔이 너무 적다면 그 회복 역시 더디며, 아픔을 느낌으로써 오히려 회복의 길을 열 수 있는 셈이다. 따라서 일상적인 통증에 곧바로 약을 먹어서 그 통증을 다스리려

하는 일반적인 상식은 오히려 호전반응이 일으켜서 몸을 치유하려는 우리 몸의 재생능력을 차단하는 일이 된다.

면역력은 결코 외과적 수술이나 일시적인 치료, 화학약품으로 이뤄낼 수 있는 것이 아니다. 호전반응은 인체가 스스로 자신을 치유할 수 있는 강인한 힘을 가지고 있음을 보여주는 반증이자, 올바른 식습관과 생활습관으로 그 치유력을 높일 수 있다는 점을 시사한다.

다음 장에서는 자연치유나 건강기능식품 섭취 시 겪을 수 있는 다양한 호전반응들을 알아봄으로써 호전반응에 대한 보다 심층적인 이해를 해보자.

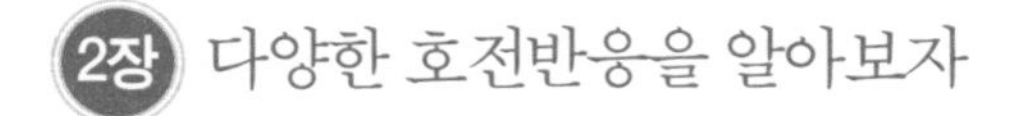

2장 다양한 호전반응을 알아보자

1) 현대의 생활습관병과 호전반응

많은 사람들이 영양제와 비타민을 먹는다. 그리고 먹은 후 갑자기 놀라서 "혹시 부작용인가요? 저는 아무 병도 없는데 통증이 너무 심합니다."라고 당황하곤 한다.

그러나 호전반응은 특수한 질병에서만 나타나는 것이 아니며, 우리 몸이 세포로 가득 찬 건강한 상태에서 호전반응은 비록 나타난다고 해도 극히 미약한 것이다. 그러나 앞서도 살펴봤듯이 현대의 많은 오염 요인들은 우리 몸의 체온을 떨어뜨림으로써 우리 몸을 만성질환으로 이끌고 있다.

이런 상황에서 현대인들은 딱히 정확한 병명을 가진 질환이 아닐지라도 독소와 노폐물의 축적으로 인한 다양한 질환 상태에 머물러 있을 수밖에 없고, 따라서 몸이 회복될 때 일정한 호전 반응을 경험하게 된다.

한 예로 영양소의 불균형을 보자. 현대인들 중에 인스턴트식품, 불규칙한 식사습관, 폭식과 과식, 편향된 식습관 등에서 자유로울 수 있는 사람은 그렇게 많지 않다. 따라서 건강을 유지하고 자가 치유력을 극대화하기 위해서는 반드시 오염되지 않은 몇 가지 주요 영양소를 균형 있게 섭취해야 한다.

특히 5대 영양소 중의 단백질과 비타민, 미네랄, 그리고 식이섬유 등은 우리의 생명 활동에 직접적으로 관여하는 중요한 영양소들로, 만일 이 영양소들이 체내에서 균형을 이루지 못하면 우리의 건강도 무너지게 된다.

이럴 때 찾아오는 증상들은 잦은 피로감과 무기력증 등 특별한 질병이라기보다는 집중력이 떨어지고 늘 피곤하며, 피부가 거칠어지며, 불안과 짜증이 느는 양으로 나타난다. 이럴 때, "며칠 쉬면 나아지겠지" 생각하다가 증상이 더 심각해지는 경우가 있는데, 딱히 병명은 알기 어렵지만 증상이 지속된다면 우리 몸의 균형이 무너졌다는 의미로 봐야 한다.

즉 이는 정확한 병명은 없는 만성질환으로 가는 관문인 것이다. 사실 우리 몸은 항상 완벽할 수 없다. 중한 병을 앓고 있는 환자가 아닌 사람도 조금씩은 아픈 곳이 있게 마련이다.

즉 호전반응은 질병을 가진 환자들만이 아니라 일상적으로 노화된 세포와 독소를 걸러내고 새로운 세포를 만들어내는 활동을 진행하고 있는 모든 이들에게 해당된다고 볼 수 있다. 또한 이 독소의 축적과 세포의 노화를 방치할 경우 정상적인 세포 재생이 약화되고 잠재적인 질병을 얻어 차후 더 심각한 질병으로 발전하게 된다.

우리가 살아있다는 것은 곧 자연치유의 연속이다. 이 활동이 멈추는 순간 우리 몸은 다양한 질병에 노출되게 된다. 자연치유의학의 유명한 문구인 "아파야 병이 낫는다"는 말에는 결국 아픔 속에서도 우리 몸은 치유의 능력을 잃지 않는다는 사실이 녹아 있다.

다시 말해 호전반응의 양상과 본질을 잘 이해하고 호전반응을 긍정적으로 체험하는 것은 현대의 오염에서 벗어날 수 있는 유일한 길이자 건강한 장수를 누리기 위한 기본적인 건강법이다.

다음 장에서는 호전반응의 부위별, 증상별, 질병별 양상을 알아봄으로써 자연치유의 과정에서 나타날 수 있는 통증들을 미리 이해해보도록 하자. 영양요법을 체험 중이거나 섭취하고 있지 않더라도 상기의 호전반응들을 잘 알아두면 차후의 건강관리에 큰 도움이 될 것이다.

2) 호전반응의 대표적 증상들

▶ 이완반응

이완반응은 온몸에 무기력증이 덮치는 것과 비슷하다. 일반적으로 움직이는 게 힘들게 느껴질 정도로 노곤하거나 쉽게 졸음이 오는 증상이 있다. 대체적으로 오래 질병을 앓아온 만성질환자에게 나타나는 증상으로 호전반응을 겪어낸 환자들 중의 약 35%가 이 증상들을 경험한다.

이처럼 몸의 활력이 둔해지고 졸음이 쏟아지는 것은 병을 앓고 불균형했던 장기가 원래 기능을 회복하면서 일시적으로 각 기관이 균형을 잃기 때문이다.

특히 체지방 감소가 급격히 이루어졌거나 호르몬 대사균형이 정상화되는 과정에서 자주 발생하는데, 이 과정을 거쳐 장기의 문제가 해결되면 다시금 원상태로 돌아가는 만큼 크게 걱정할 필요 없는 증상으로 생각하면 된다.

▶ 과민반응

과민반응은 호전반응을 경험하는 사람의 약 18%에서 나타나는 증상으로 장기의 문제가 변비, 설사, 통증, 부종, 발한 등의 급성 형태를 띤다.

처음에는 급격한 양상을 보이다가 천천히 안정세에 접어들면서 만성으로 자리 잡다가, 이때 기능성식품을 섭취하면 일시적으로 다시금 악화된다.

대부분 빠른 시간에 나타났다가 4~5일 정도가 지나면 몸이 좋아지면서 복구되는데, 간혹 특정 영양소나 물질에 알레르기를 가진 사람의 경우는 섭취 내내 증세가 반복될 수 있다. 만일 과민반응을 견디기 힘들다면 제품섭취량을 반으로 줄였다가 상태가 좋아지면 다시금 양을 늘리는 것이 좋다.

▶ 배설작용

배설작용은 가장 외적으로 확인하기 쉬운 호전반응 중에 하나로 사람의 10%가 이런 호전반응을 경험한다. 이는 우리 몸 안에 쌓여있던 노폐물과 독소, 중금속 등이 땀이나 소변, 대변, 피부 등으로 배출되면서 나타나는 증상이다.

온몸에 가려움이 찾아들면서 피부에 울긋불긋한 발진이 돋고, 여드름이나 습진이 생기기도 한다. 평소 변비가 있던 사람은 배설 작용이 원활해지면서 갑자기 식욕이 왕성해진다.

▶ 회복반응

회복반응은 대체로 고열이 끓거나 구토 증세, 통풍 증세가 나타나거나 손발 저림의 형태로 드러난다. 혈류의 흐름이 원활하지 않았던 부위에서 다시금 혈액이 왕성하게 돌기 시작하면서 나타나는 증세이다. 혈관 벽에 밀착되어 있거나 혈액에 흐르던 혈전이 일시적으로 체내를 순환하게 되면서 나타나는데 이는 혈류가 좋아지고 있다는 신호로서 갑자기 나타났다가 3~4일 만에 저절로 사라진다는 특징이 있다.

▶ 그 외의 세부 증상들

병명	증상
발열	갑자기 열이 올라 정상 체온을 넘게 되는 발열은 백혈구의 활동에 의한 것이다. 그간 움츠리고 있던 백혈구가 다시금 세균과 맞서 싸우거나 노폐물을 제거하면서 나타나는 반응이다.
설사, 구토	배설과 관련된 증상으로 이는 이물질을 급속히 제거하기 위한 반응이다. 위장 기능이 약하거나 예민한 사람, 섬유질을 부족하게 섭취하는 사람의 경우 특히 속이 더 부룩하고 소화가 안 되고 설사가 잦다.
경련	인체의 특정 부위 이상으로 혈액 순환이 원활하지 않을 경우, 피를 순환시키기 위해 일시적으로 나타난다.
속 더부룩함	음식물을 소화하고 흡수하는 과정에서 발생하는 암모니아 가스가 배출되면서 발생하는 현상이다.
잦은 방귀	산성 체질인 사람은 심각한 혈액의 산성화로 혈액의 질이 낮아지면서 자주 피로와 졸음을 느끼게 된다. 이때 장기 기능을 회복하면서 방귀가 잦아질 수 있다.
피로, 근육통, 노곤함	몸의 노폐물과 독소 물질을 밖으로 배출하는 과정에서 유독 가스가 혈액에 녹아들어 뇌, 근육에 통증을 유발할 수 있다.
두통	체내에 수분이 부족하거나 위장 기능이 약해서 소화가 잘 안 될 때 발생한이다. 이때 수분을 충분히 보충하면 장 운동이 활발해지면서 두통을 일으키는 장내의 유독 가스가 줄어들게 된다.

병명	증상
변비	체내 수분 대사가 정상화되는 과정에서 일시적으로 수분을 보충하기 위해 나타나는 현상이다.
부종	체지방이 급격히 감소하거나 호르몬 대사 이상이 회복되면서 호르몬 균형이 이루어지는 과정에서 발생한다.

3) 질병별로 나타나는 호전반응

호전반응은 질병의 종류와 상태에 따라 다르게 나타나는 만큼 미리 참고해두면 도움이 될 것이다.

▶ 산성 체질일 때

: 졸음이 심해지거나 혀끝과 목에 갈증을 느끼고, 소변과 방귀가 잦아진다. 복부 팽만감이 오기도 한다.

▶ 혈압이 높을 때

: 머리가 무겁고 어지럼증이 찾아온다. 이 같은 상태는 1~2주까지 지속되면서 무기력증이 찾아오기도 한다.

▶ 빈혈이 있을 때

: 여성의 경우 코피가 잦아질 수 있고 갈증을 느낀다. 숙면을 취하지 못하고 꿈이 많아지며 윗배에 더부룩함이 나타날 수 있다.

▶ 소화 기능에 문제가 있을 때

: 명치끝이 답답하거나 뜨겁게 느껴진다. 음식을 섭취할 때 명치에 통증이 느껴지기도 하며, 속이 더부룩하고 구토 증세가 나타날 수 있다.

▶ 배변 기능이 약할 때

: 설사가 잦아질 수 있다.

▶ 만성 피로가 있을 때

: 구토 증세가 나타날 수 있고 피부에 가려움이나 물집이 생길 수 있다. 배변 시에 혈변이 나오는 경우도 있다.

▶ 소변이나 생리 기능에 이상이 있을 때

: 얼굴에 물집과 여드름이 돋기도 하며, 다리가 붓기도

한다.

▶ 혈당 조절에 문제가 있을 때

: 배설 시 배설물에 당분 양이 많아지고, 손발이 붓거나 무기력증이 찾아올 수 있다.

▶ 치질이 있을 때

: 배변 시 피를 배설할 수 있다.

▶여드름이 심할 때

: 초기에는 여드름이 더 심해지다가 급격히 사라질 수 있다.

▶기관지가 약할 때

: 갈증과 어지럼증, 구토 증세가 올 수 있고, 가래가 쉽게 나오지 않는 현상이 나타날 수 있다.

▶ 폐에 이상이 있을 때

: 갈증, 구토, 어지럼증이 나타나고 가래가 많아지며, 짙

은 빛의 가래가 나올 수 있다.

▶ **정신적 스트레스가 심할 때**

: 수면을 취하기가 어렵고, 불안과 흥분 상태가 지속될 수 있다.

▶ **장 질환이 있을 때**

: 병의 정도나 양상에 따라 차이는 있으나 설사가 잦아지는 경우가 많다.

▶ **간 기능이 약할 때**

: 구토 증세와 피부에 가려움과 물집이 생길 수 있다.

▶ **신장이 약할 때**

: 체내의 단백질 양이 감소하고, 얼굴에 수종이 나타나고 다리에는 부종이 올 수 있다.

▶ **신경통이 있을 때**

: 환부에 통증이 느껴지고 팔다리가 저린 증상이 올 수

있다.

▶ 수술을 받고 난 뒤일 때

: 수술 부위의 부종이 오고 통증이 심해질 수 있다.

4) 신체 장기별로 나타나는 호전반응

질병마다 호전반응의 경중과 양상이 다르듯이 우리 몸의 각 장기들도 각각 다른 호전반응을 보인다. 특히 그 장기가 맡고 있는 역할에 따라 전혀 다른 반응이 나타나기도 한다. 지금부터 각각의 주요 장기들이 해독 작용 시 어떤 호전반응을 보이는지 살펴보도록 하자.

▶ 위장

위장은 우리 몸의 소화 기능과 가장 밀접한 관련이 있는 장기이다. 위와 비장에 문제가 생기면 간혹 구토와 울렁거림이 나타나면서 심해지면 위하수나 위 무기력증이 일어난다. 만일 아침에 밥맛이 없다면 위와 장에 독소와 노폐물이 많이 쌓이고 과식과 늦은 밤의 야식 등으로 위와 장이 지나친 혹사를 당하지 않았는지 의심해보아야 한다.

이런 상태가 지속되면 위와 장이 냉해지게 되어 조혈과 배설 작업이 더디어지고, 이를 회복하기 위해 잠이 많아지거나 입맛이 떨어지게 된다. 그러다가 사태가 더욱 악화되면 위궤양과 위염 같은 호전반응이 나타나면서 아픔을 상기시키고 정상화를 도모하게 된다.

▶ 간장

간은 우리 몸의 해독에서 가장 중요한 장기로서 우리 몸의 혹사 활동의 80% 이상을 도맡아서 하는 고마운 장기이다. 이처럼 왕성하게 해독을 지속하는 간도 지나친 스트레스를 받게 되면 차갑게 굳게 되는데, 이때 우리 몸의 면역 시스템은 차가워진 간을 데우고 휴식을 취하도록 하기 위해 간에 열을 보낸 뒤 인체에 깊은 잠을 요구한다.

그럼에도 간이 해독되지 않게 되면 감기나 미열 같은 증상을 통해 몸의 체온을 올려 호전반응을 통해 세포를 재생하려고 한다. 실로 간의 회복을 위해 나타나는 감기몸살 등은 간을 치유하고 간 피로로 인한 만성질환을 치유하는 강력한 힘이 된다.

이는 감기에 걸리면 임파구의 면역항체가 바이러스와 싸워 그 덕에 항체가 강해지고 몸이 더워지기 때문이다. 따라서 감기몸살을 단순한 바이러스의 침투로 보는 대신 간의 피로와 회복의 단계인 호전반응으로 바라보려는 주의 깊은 시선이 필요하다.

▶ 대장

우리 장기의 온도가 낮아지는 것은 차가운 음식이나 냉한 환경, 수분의 과다섭취 때문이다. 특히 대장은 이 같은 요인들로 급격히 약해질 수 있는데 처음에는 묽은 변과 설사 같은 호전반응으로 자신을 보호하다가 한계선을 넘어서면 다른 경로로 노폐물을 배출하기 위해 콧물이나 재채기를 만들어내게 되고 이것이 천식과 비염, 축농증, 폐렴 등으로 만성화되게 된다.

나아가 피부에서 나타나는 증상도 눈여겨볼 필요가 있

다. 대장의 피로도가 높아지고 독소가 지나치게 쌓이면 우리 몸은 유해물질을 배출하고 세포를 재생하기 위해 악전고투를 하게 된다.

이때 신체 재생 시스템이 원활해지면 인체의 피부도 건강을 유지하지만, 반대로 하복부의 체온이 내려가고 호전반응이 강하게 작동하지 못할 경우 피부가 거칠고 탁해지게 된다.

▶ 심장

심장은 인체의 가장 중심 부위에서 활동하는 주인공이다. 모든 세포에 피를 보내서 영양과 산소를 공급하는 동시에 강한 혈류로 온몸의 활력을 돕는다.

그러나 하복부의 소장이 냉기와 독소에 사로잡혀 조혈작용을 제대로 못할 경우, 하복부가 차가워지고 피가 심장과 뇌에 몰리면서 심장에 큰 부담이 생기게 된다. 차가운 하반신에 피를 보내기 위해 혈압을 올리면서 고혈압이 발생하는 것이다.

이처럼 상황이 위험해지면 심장은 노폐물과 독소를 신장

으로 보내서 정화하기 위해 노력하며 이 때문에 신장에 무리가 발생하고 뇌에 혈액이 고이면서 혈압이 일시적으로 오르거나 열이 나기도 하며, 식욕이 저하되는 등의 호전반응이 나타나게 된다.

▶ 신장

소변이 잦아지는 증상은 하복부에 정체된 수분을 배설하여 냉기를 몰아내고 체온을 올리기 위한 호전반응이다. 추운 날 더욱 소변이 마려운 것도 같은 이치이다.

특히 여성은 하복부의 장기 기능이 중요한데 만일 하복부 체온이 내려가고 노폐물과 독이 쌓이게 되면 자가 치유 면역 시스템이 생리통, 생리불순과 같은 호전반응으로 노폐물을 배출하고 체온을 올리려는 시도를 하게 된다. 자궁에 종기가 있을 때 일시적으로 하혈과 출혈이 나타나는 것도 병을 불러오는 이물질을 배출하기 위한 증상이다.

지금껏 살펴본 각 장기별 호전반응은 기능식품을 섭취할 때 더 강하게 나타날 수 있다. 하지만 이 같은 호전반응은 이상이 있던 장기가 정상적인 활동을 하기 시작하면서 발생하는 일시적인 증상으로 크게 염려할 필요는 없다. 섭취 기간 또한 드물게는 3~6개월 동안 지속되는 사람도 있으나 길어야 1주일이고, 대개는 2~3일 이내에 수그러들다가 곧 사라진다.

3장 호전반응, 내 몸을 살린다

1) 호전반응을 높이면 몸이 건강해진다

동양의학의 관점에서 호전반응은 인체의 질서를 유지하려는 통증의 힘을 의미하는 동시에 자연의 질서에 맞게 살아가는 균형 잡힌 삶에 대한 리듬이기도 하다. 인체의 몸은 하나의 소우주와 같고 때가 되면 해와 달과 별이 뜨고 지고 자연계가 성장하고 소멸하듯이 인체도 면역력이라는 질서를 통해 자신의 몸을 스스로 보호할 수 있다고 본 것이다.

이 때문에 동양의학에서는 '병은 좋은 것, 옳은 것' 이라고 바라보는데, 이는 질병과 고통을 자연스러운 몸의 질서를 파괴하는 면역 이상에 맞서 싸우는 치유의 과정으로 이해하기 때문이다. 실로 우리 몸은 일정한 체온을 유지하며 이렇게 체온이 적절히 유지되는 동안에는 병든 조직 세포를 탈락시키고 다양한 호전반응을 통해 부패물질과 독성물질, 노폐물 등을 배출한다.

반면 잘못된 생활습관이 꾸준히 지속되면 이 같은 자연치유력이 급격히 약화되게 되는데 특히 우리가 일상적으로 섭취하는 식품첨가물과 가공식품 등의 해독 등이 절실한 문제로 떠오르고 있다. 이와 관련해 우리는 오랫동안 전해지는 명언을 기억할 필요가 있다. "음식으로 고치지 못하는 병은 그 무엇으로도 고칠 수 없다"고 말한 현대의학의 아버지 히포크라테스의 한마디다.

그는 병을 고치는 것은 환자가 가진 자연치유력 그 자체이며, 그 힘을 극대화시키는 것은 음식이라고 말한다. 그는 여러 연구를 통해 음식이야말로 우리 몸에 가장 중요한 약이며 병을 고치는 치유라는 것을 밝혀냈고 많은 임상을 통해 이 사실을 증명해 보였다.

또한 그는 환자가 병을 극복한 것은 오로지 그 환자의 자연치유력의 힘이고 의사는 그것을 독려해주는 사람일 뿐, 그가 설사 회복했다고 해서 의사의 덕이라고 말해서는 안된다고 말한 바 있다.

히포크라테스의 이 한마디는 최근 불고 있는 대체의학이 강조하는 식습관 교정을 통한 치유와도 일맥상통하는데, 현재 세계적으로 불고 있는 대체의학의 바람이 가장 확연한 결실을 보이고 있는 곳 중에 하나가 미국이다.

현재 미국은 대체의료 치료율이 점차 증가하고 있는 추세인데, 미국 대체의학의 거장인 미 국립암연구소의 소장 테비타는 현재 시행되고 있는 암 치료에 반발하면서 "항암제는 오히려 발암제이며 암을 증식시킨다"는 의견을 내놓아 세계를 놀라게 했다.

그는 항암제를 투여하면 그것의 맹독성이 또 다른 장기에 암을 만들어낸다고 지적했고, 이 지적을 귀 기울여 들은 미국의 정책결정 전문기관인 OJT는 이 보고에 대해 충격을 받았음을 시사하는 동시에 이후의 암 치료의 대안을 대체의학에서 찾겠다는 결정을 발표했다.

그리고 이런 대체의학에서 가장 중시 여기는 것은 무엇일까? 바로 우리가 먹는 음식과 식습관이다.

이와 관련해 유명한 말이 있다. "내가 먹은 것이 바로 나다(I am what I eat)"라는 말이다. 내 몸의 구성은 내가 먹은 것에 의해 만들어진다는 뜻이다. 실제로 우리 인체가 가진 성분Elements들은 몇 달 또는 늦어도 1년 안에 대부분이 체외로 빠져나가고 새로운 성분들로 대체된다. 즉 그 기간 동안 내가 먹은 음식과 영양으로 내 몸이 새로워진다는 것이다.

따라서 "무엇을 먹을 것인가?" "어떻게 먹을 것인가?" "언제 먹을 것인가?"하는 3가지 문제는 우리 몸의 기본적 치유에 있어 반드시 깊이 생각하고 실행해야 할 문제이다. 대체의학은 바로 이 점에서 우리 몸에 필요한 영양을 적절히 공급하고 올바른 식습관을 가지는 것이 우리 몸의 구성은 물론 면역력에도 얼마나 중요한지를 강조한다.

우리가 먹는 음식들에는 수많은 독소들과 동시에 수많은 건강한 영양소들이 동시에 내포되어 있다. 어떤 질병이 있을 때 무엇을 먹느냐에 따라 상태가 악화될 수도, 호전될 수도 있는 것이다. 최근 음식과 식단을 통해 병을 치료하는 식이요법들이 큰 주목을 받고 있는 것도 그런 이유에서이다.

현재 국소적인 질병 치료가 아닌 환자의 몸 전체를 양호하게 만드는 영양요법은 현대의학이 치료하지 못한 환자도 회복시키는 일이 적지 않으며, 일반적인 사람들도 이 영양요법을 이용하면 근본적인 몸의 치유 능력을 강화시켜 더 건강한 몸을 가질 수 있다.

2) 건강기능식품, 왜 필요한가?

우리는 불규칙한 생활식습관으로 우리 몸의 영양불균형을 재촉하고 있다. 풍요로운 음식문화 속에서 정작 영양 불균형 병에 걸렸다는 사실을 인식하지 못하고 있는 것이다. 암 연구 권위자인 윌리엄 리진스키 박사는 "대부분의 암은 30~40년 전에 먹은 음식이 원인" 이라고 말한 바 있다.

이렇게 음식 균형이 무너질 때 가장 먼저 벌어지는 일은 면역 기능의 저하, 나아가 소화 효소의 부족이나 과다 결핍으로 인해 세포가 질병을 일으키게 되는 것이다.

예를 들어 단순히 혈압과 동맥의 문제라고 여겨지는 협심증을 보자. 협심증은 심장에 영양소를 보급하는 관상동

맥에 지방 찌꺼기가 쌓여서 생기는 병이다. 즉 그 원인은 단순히 혈압이나 동맥에 있지 않고 영양의 흐름이 원활하지 않음으로써 쌓이는 지나친 지방 과다에 있다.

이 경우 현대의학에서는 수술이나 약물 요법을 실시하지만 영양요법은 신진대사의 흐름이 둔해졌다는 점에 주목하고 그 원인이 되는 음식을 조절하는 방향으로 대처한다.

육류의 섭취를 줄이고 신진대사를 촉진하고 세포를 재생시켜 지방의 과도한 축적을 막는 다양한 음식물과 영양소를 활용하는 것이다.

영양요법은 영양 처방 또는 식사요법이라고도 부르며, 식이요법과도 관련이 깊다. 영양을 골고루 섭취하고 몸에 이로운 음식을 선별하는 이 요법은 질병을 이겨낼 뿐만 아니라 환경에 대처하는 능력 감정적 · 정신적 요인들을 개선하는 데 효과를 보인다.

이 영양요법은 가장 먼저 환자의 증상과 식생활에서 주로 섭취하는 영양소와의 관계를 파악하는 데부터 출발한다. 여러 조사를 통해 환자에게 어떤 영양소가 과다하거나 부족한지를 알고 그 과다와 부족분을 균형 있게 조율해서 다양한 호전반응을 통해 몸의 독소를 배출하고 새로운 생명 에너지를 분출시킨다.

예를 들어 인스턴트식품의 남용과 불규칙한 식생활 습관에 의해 부분적으로 부족해진 영양소를 보충하는 것도 영양요법의 일부다. 처방은 개인에 따라 다양해지는데, 담배를 많이 피우는 경우에는 비타민 C와 비타민 E · β카로틴을 일반인보다 많이 섭취하도록 하며, 술을 많이 마시는 경우에는 비타민 B1과 마그네슘을 더 많이 섭취하게 한다.

임산부의 경우에는 태아 발육을 위해 폴산을, 갱년기 여성은 골다공증을 방지하기 위해 칼슘과 비타민 D를 많이 섭취하도록 하는 식이다.

특히 영양요법은 우리가 어떤 식단을 유지하고 있는지를 면밀하게 파악하고, 그 소화 흡수가 제대로 되고 있는지를 살핀다. 특히 영양요법에서는 첫째, 정백된 설탕과 빵, 가공식품, 감미료 등을 절대적으로 경계하며, 둘째, 현대인에게 부족한 미량 영양소인 비타민과 미네랄, 아미노산의 섭취를 권장한다.

다시 말해 고기보다는 신선한 야채나 과일을 많이 먹고,

백미보다는 현미를 먹는 식으로 일상적 식단을 조절하는 것이다.

언뜻 보면 간단한 일 같지만, 이런 식단의 차이는 일상적 건강은 물론 생명, 나아가 우리 몸의 자가 치유력과 밀접한 관계가 있다. 음식물이 우리 몸의 일부를 구성하고 면역력과 관계하는 만큼 장수와 질병과도 직접적인 영향을 미치는 것이다.

우리가 두려워하는 현대병은 결코 단시간 내에 생기는 질병이 아니다. 평생에 걸쳐 몸의 영양 균형이 무너지면서 그 해독이 차곡차곡 쌓인 결과이다. 이럴 때 영양요법을 사용해 무너진 균형을 바로 세워주면 우리 몸의 자가 치유력도 다시금 제 힘을 찾게 된다. 그리고 일상적인 섭식으로 우리 몸에 필요한 영양소를 보급할 수 있는 가장 간단한 방법이 바로 건강기능식품의 섭취이다.

건강기능식품은 바쁜 생활 속에서 간편하게 섭취할 수 있고 화학성분의 해악이 없다. 또한 가공 과정에서 섭취가 용이할 뿐 아니라 흡수율을 높여주기 때문에 생 음식을 그대로 먹는 것과 크게 다를 게 없거나 오히려 더 좋을 수 있다.

물론 지금 내 몸에 이상이 없는데 굳이 건강기능식품을 먹을 필요가 있을까 하는 생각을 할 수도 있다. 그러나 영양불균형을 발생시키는 수많은 요인들, 온갖 스트레스와 환경오염, 불규칙한 생활습관 등이 우리 몸의 영양을 고갈시키고 균형을 흐트려 놓을 때, 적절한 건강기능식품의 섭취는 우리 몸이 최대한 균형을 유지하는 데 도움을 줌으로써 결과적으로 질병을 예방하고 삶에 활력을 더하는 가장 좋은 방법이 된다.

효과적으로 복용하기 위한 3가지 조건

건강기능식품은 인체에 유용한 기능성을 가진 원료나 성분을 사용하여 정제 · 캅셀 · 분말 · 과립 · 액상 · 환 등의 형태로 제조 · 가공한 식품을 말한다. 여기서 기능성이라 함은 인체의 구조 및 기능에 대하여 영양소를 조절하거나 생리학적 작용 등과 같은 보건용도에 유용한 효과를 얻는 것을 말한다.

영양요법에서 건강기능식품은 중요한 치료도구이다. 다시 말해 일상적으로도 질병치료도 건강기능식품은 훌륭한 역할을 해낸다. 그러나 이 좋은 건강기능식품도 어떻게 섭취하는가에 따라 그 효능이 달라질 수 있다.

첫째, 건강기능식품을 섭취할 때는 절대적으로 가공식품을 피하고 첨가물을 넣지 않은 자연식을 섭취해야 한다.

둘째, 섭취한 내용물이 체내에 신속하게 흡수될 수 있도록 위와 대장의 상태를 최적으로 만들어놓을 필요가 있다.

셋째, 필요한 기능식품을 섭취하고자 할 때 과민성이나 알레르기가 있을 경우 전문가 및 의사의 상담을 받아야 한다.

이 3단계를 반드시 명심하고 기능식품을 선택하면 그 효과를 훨씬 높일 수 있으며 건강상태가 현저히 개선될 수 있다.

3) 기능식품 섭취 시 나타나는 호전반응을 즐겨라

기능식품은 단순히 몸에 영양소만을 채워주는 것에서 끝나는 것이 아니다. 그 영양소가 몸 구석구석에 전달되어 인체를 영양 결핍으로부터 보호해주면서 생체활동을 회복시켜주는 역할을 한다. 매일 매일 몇 십 가지의 반찬을 챙겨 먹을 수 없을 때 가장 좋은 차선책으로 선택할 수 있는 것이 바로 건강기능식품이며, 기능식품이 제공하는 충분한 영양소는 곧바로 우리 몸의 면역력 증대를 가져온다.

- 기능성 식품의 개요와 섭취의 반응 -

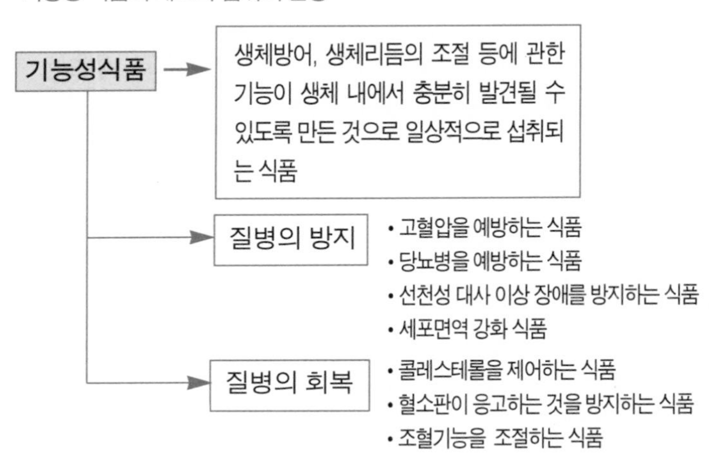

하지만 이런 기능식품을 섭취할 때 갑자기 찾아오는 호전반응이 장애물로 작용하는 경우도 적지 않다. 그럴 때 지금까지 살펴본 신체의 자가치유능력과 호전반응의 이로움에 대해 기억해볼 필요가 있을 것이다.

어린 시절 우리는 어른들로부터 "아픈 만큼 더 훌륭한 어른으로 성장한다"는 말을 듣고 자랐다. 어느 어른이나 어린 시절부터 성인이 될 때까지 다양한 경험과 상처를 통해 자신을 단련시켜간다는 의미이다. 이는 정신적 건강에만 해당되는 이야기가 아니다. 앞서도 이야기했듯이 우리 몸은 통증과 아픔을 이겨내면서 몸 안의 독소를 배출하고 새로운 생체 조직을 만들어낸다.

기능식품을 섭취할 때 나타나는 호전반응도 비슷한 견지에서 이해할 수 있다. 우리 몸 안에 자리 잡은 질병들은 노력과 인내 없이는 제거할 수 없으며, 그 시작은 지금껏 우리가 견지해왔던 잘못된 생활습관과 식습관을 교정하는 것에서부터 시작되어야 한다. 그리고 건강기능식품은 가장 일상적이고 지속적으로 지속할 수 있는 건강법의 하나인 만큼 일시적인 통증조차 넉넉히 받아들이려는 마음이 필요할 것이다.

다만 중요한 것은 이런 중요 영양소들을 가공해 만들어 낸 기능식품들의 경우 어디까지나 우리 건강의 보조 역할을 하는 만큼, 잘못된 생활습관과 식습관 개선을 위한 근본적 노력이 없이는 미미한 영향을 미칠 뿐이라는 점이다. 즉 건강기능식품을 제대로 이용하는 방법은 무작정 건강을 쇼핑하듯이 기능식품을 사들이고 섭취하는 것을 넘어 자신의 삶 자체를 돌이켜보고 진정 건강한 삶이란 무엇인가를 숙고하는 것부터 시작해야 한다.

또한 질병 대처라는 방편으로 기능식품을 남용하는 것 또한 문제가 될 수 있다. 기능식품이 모든 병을 단번에 깨끗이 고쳐 주리라는 믿음은, 초반에 우리가 지적한 현대의학에 대한 무조건적인 맹신과 크게 다를 바가 없다.

즉 건강기능식품을 제대로 섭취하려면 첫째, 기능식품에 절대적으로 의존하는 대신 이를 치료와 병행하고 자의적인 판단을 조심하려는 자세, 둘째는 그럼에도 먹고 있는 약에 대한 믿음을 가지고 꾸준히 섭취하는 자세 모두가 필요하다.

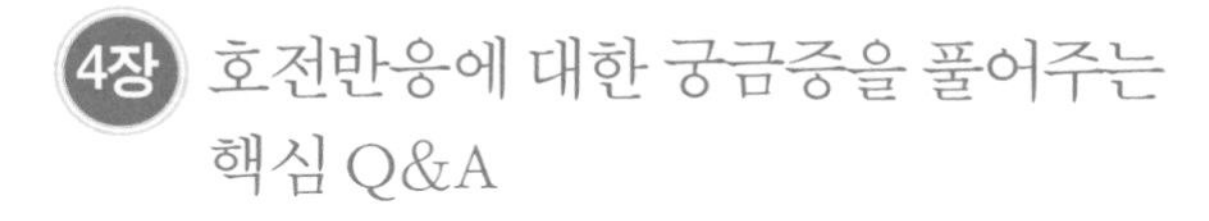

Q : 현재 건강기능식품을 섭취하고 있는 여성입니다. 제가 원했던 것은 맑은 피부였던 만큼 피부 개선 면에서는 좋은 효과를 보았습니다. 다만 가슴이 답답한 현상이 나타나기 시작해서 의문입니다. 이것도 일종의 호전반응인가요?

A : 좋은 건강기능식품은 신체의 특정 부위에만 영향을 미치는 것이 아니라 개인의 건강 상태에 따라서 피부뿐만 아니라 두통, 설사, 가려움증, 속이 더부룩하고 답답한 증상, 방귀, 가래 등의 다양한 증상들이 나타납니다.

이는 몸에 있는 독 성분을 제거하는 과정이며 짧으면 일시적으로, 길면 보름 정도 지속됩니다. 심한 통증이 아닐 경우 성심껏 섭취하시면 피부 외의 모든 신체 기능이 활성화되면서 수분대사, 당질대사, 지방대사 등이 원활해져 피부가 더 맑아지고 다이어트에도 효과를 체험 할 수 있을 것입니다.

Q : 아직 돌이 안 지난 아이 엄마입니다. 제가 건강기능식품의 효과를 많이 보아서 아이에게도 분유에 섞어 먹이고 있는데 변이 좀 묽은 것 같습니다. 너무 어린 나이에 먹여서 그렇다면 중단해야 할 것 같은데 어떨까요?

A : 변이 묽어지는 것은 너무 어려서 나타나는 현상이라기보다는 적응 기간이 필요할 것 같습니다. 아이는 태어난 지 6개월이 지나면 모체로부터 물려받은 면역력이 서서히 사라지면서 자가 면역력을 키우게 됩니다. 그럴 때 건강기능식품은 아이의 면역 기능을 활성화시키고 체질 개선에도 도움을 줍니다.

Q : 허리디스크로 크게 고생하면서 건강기능식품을 만나게 된 사람입니다. 최근에 꾸준히 섭취하고 있는데 갑자기 허리 통증이 더 심해졌습니다. 지금은 잠시 섭취를 중단했는데 어떻게 해야 할까요?

A : 호전반응은 가장 아픈 부분에서부터 서서히 나타납니다. 지금 겪고 계신 허리 통증은 몸의 기능이 정상으로 돌아오고 있다는 신호입니다. 일단은 섭취를 잠시 중단하신 뒤 상태를 가늠해서 서서히 양을 늘려 가십시오.

Q : 40세 직장인인데 기능식품을 섭취한 뒤부터 회식 후에 설사가 잦습니다. 혹시 제품이 제 몸에 맞지 않는 것인지요?

A : 오히려 체질이 개선되고 있다는 청신호라고 보셔야 할 것 같습니다. 그간 몸속에 차곡차곡 쌓였던 콜레스테롤과 노폐물 등이 몸 밖으로 배출될 때 일어나는 초기 현상이 설사입니다. 따라서 설사를 한다고 해서 일부러 지사제 등을 드시지 마십시오. 충분히 노폐물이 배출되어 몸이 깨끗해지면 자연스레 설사도 멈추게 됩니다.

Q : 건강기능식품을 식사 대신 한 끼만 섭취하고 있는데, 먹고 나면 자꾸 허기를 느낍니다. 그러다 보니 신경도 예민해지고 일도 잘 손에 잡히지 않습니다. 어떻게 해야 할지요.

A : 과체중인 분이나 평소에 과식을 많이 했거나 위장에 장애가 있는 분일수록 건강기능식품을 섭취한 뒤에 허기를 느끼게 됩니다. 건강기능식품은 비록 칼로리는 적지만 영양분은 일반 식사의 5~6배에 가깝고 포만감도 적지 않습니다. 따라서 이론상 이 정도면 배가 고프지 않아야 하지만 그간 배가 꽉 찰 때까지 먹는 것이 습관화되어 있는 경우 견디기가 쉽지 않을 것입니다. 다만 보름 이상 이런 식사 습관을 지속하면 자연스레 기능식품의 양으로 충족할 수 있는 습관이 들게 됩니다.

Q : 건강기능식품을 한 달 정도 섭취했습니다. 최근에 이상하게 몸에 열이 나고 땀도 많아졌습니다. 건강기능식품을 먹으면 원래 이런 증상이 나타나는 것입니까?

A : 건강기능식품의 종류와 섭취하는 이의 체질에 따라 호전반응은 다양하게 나타납니다. 몸에 열이 나는 성분을 가진 것 중에 하나가 인삼입니다.

인삼 관련 기능식품을 드셨으면 당연한 결과이며, 또는 다른 성분의 기능식품이라 할지라도 발열증상이 호전반응으로 나타날 수 있습니다.

Q : 호전반응은 한번만 나타나나요? 아니면 반복해서 나타나기도 합니까?

A : 대부분의 사람들은 호전반응도 한 번 정도 경험하는 것으로 그칩니다. 그러나 종종 같은 증상을 다시 경험하거나 반복적으로 경험하기도 합니다. 이 경우는 평상시 장이 안 좋거나, 위가 안 좋은 분, 만성피로에 시달리는 분들처럼 병증이 심하거나 만성화된 경우입니다. 그러나 엄밀히 말하면 이것은 호전반응이 계속되고 있음에도 다만 그 강도가 세지거나 약해지기를 반복해서 그것을 인식하는 것에 차이가 있는 것으로 보아야 합니다.

Q : 저는 오랫동안 기력이 떨어져 누워서만 지내던 사람입니다. 사실 병명이라고 할 것 없이 여기저기가 아프고 힘이 없어서 움직이기가 어려운 정도였습니다. 얼마 전 한 지인으로부터 건강기능식품 하나를 소개받았는데 섭취한 지 3주 뒤부터 조금씩 정신이 맑아지는 것 같은 기분이 들더니, 갑

자기 사타구니와 겨드랑이가 짓무르고 진물이 나기 시작했습니다. 피부에는 별 이상이 없었는데 이런 상황이 벌어져서 조금 당황스럽습니다. 이것도 호전반응의 일부라고 봐야 할까요?

A : 평소 습관처럼 약을 많이 복용하시는 분들은 건강기능식품을 드실 때 어떤 방식으로든 그간의 독소를 배출하게 됩니다. 외적으로 아픈 것 외에도 몸의 가장 약한 부위에서 진물, 고름 등이 배출되고 때로는 코, 입, 눈 주위 등의 통로를 통해서도 노폐물이 빠져나오게 되는 것입니다.

때로는 혀에 백태가 끼거나 혓바늘이 돋기도 합니다. 그럴 때는 평소보다 물을 많이 마셔서 노폐물을 원활하게 배출하는 것이 중요하니 평소보다 두 배 정도 많은 물을 드시기를 권합니다.

Q : 갓 회사에 입사한 사회초년생으로 종일 앉아서 사무업무를 보고 있습니다. 평소 너무 바빠서 물 마시러 가기도 어려울 때가 많은데 건강기능식품을 섭취한 뒤로 변비가 더 심해졌어요. 점심을 먹고 나서도 속이 더부룩합니다.

A : 변비는 우리 장내의 융털 돌기 기능이 정상화되는 과정의 일환입니다. 평소에 아침을 거르거나 섬유질이 부족한 식사에 익숙해져 있을 때, 운동 부족인 분들은 변비에 걸리기 쉬운데, 이런 상황에서 건강기능식품을 섭취하면 호전반응으로 인해 변비가 당분간 더 심해질 수 있습니다.

따라서 변비가 심해졌을 때는 식사에 주의하시고 꾸준히 건강기능식품을 섭취하면서 조금씩 생활습관을 바꿔나가는 일이 필요합니다.

Q : 연로하신 아버지께 건강기능식품을 선물해 드렸는데 섭취하신 뒤로 허리가 아프시다고 합니다. 처음에는 왼쪽이 아프던 것이 오른쪽으로 옮겨갔다고 합니다. 혹시 기능식품에 문제가 있는 건가요?

A : 만일 아무 증상이 없다면 오히려 그것이 문제입니다. 그 기능식품이 아버님에게 호전반응을 불러올 수 없는 미약한 효능을 가졌다는 뜻입니다.

좌우 허리가 번갈아 아픈 것은 좌골 신경통 문제로 보입니다. 대개 그런 통증은 3~7일 후면 가라앉게 됩니다. 또한 그렇게 통증이 가라앉고 나면 건강이 상당히 회복되신 것을 느끼시게 될 것입니다.

> **Q :** 당뇨를 앓고 있는 50대 남자입니다. 그간 건강을 회복해보려고 음식을 가려 먹기 시작했는데 오히려 기력이 떨어지고 면역력이 떨어지는 느낌이 들어 건강기능식품 섭취를 시작했습니다. 그런데 먹기 시작한 지 2주가 안 되어 온몸에 전신 통증이 심합니다. 마치 맞기라도 한 것처럼 욱신거리고 기운도 없어서 처음에는 몸살인 줄 알았는데 계속해서 같은 증상이 이어지고 있습니다. 혹시 이것도 호전반응에 해당됩니까?

A : 당뇨란 쉽게 말해 혈액 속에 당 성분이 가득한 것을 의미합니다. 이 때문에 이 혈액이 혈관을 흐르면서 많은 찌꺼기들이 혈관 벽에 쌓이고 노폐물이 축적되어 혈액순환이 어려워집니다.

심지어 심한 당뇨를 앓고 있는 환자의 경우 바늘로 피부를 찔러도 피가 잘 나오지 않을 정도입니다.

이렇게 혈류가 좋지 않으면 다양한 합병증들이 발생하게

되는데, 이럴 때 건강기능식품을 섭취하면 막힌 미세혈관의 노폐물을 방출해 혈류가 좋아지면서 온몸에 몸살 기운 비슷한 열과 저림, 쑤시고 아픈 통증이 나타나게 됩니다. 이는 쪼그리고 앉아 있다가 갑자기 몸을 펼 때 나타나는 다리 저림을 생각하시면 됩니다.

따라서 몸살 증상과 같은 호전반응을 잘 참아내시면 혈류가 확실히 좋아지면서 몸 상태가 좋아지는 것을 느끼게 되실 것입니다.

Q : 건강기능식품을 섭취한 뒤부터 울렁거림이 심해졌습니다. 가만히 앉아 있어도 차멀미를 하는 기분입니다. 처음에는 빈혈인 줄 알고 검사를 해보았는데 아무 이상이 없었습니다. 섭취를 중단해야 할지 망설여집니다.

A : 울렁거림과 멀미는 저혈압이 있을 때 나타나는 전형적인 호전증상입니다. 또한 위장이 좋지 않을 때도 마찬가지입니다.

위가 안 좋을 때는 둔하게 느꼈던 증상들이 위가 좋아지면서 더 선명하게 느껴진다고 생각하시면 됩니다. 이럴 때는 드시기 편한 음식들을 무리하지 않게 드시고 차분히 호전반응이 가라앉을 때까지 기다려보시는 것이 좋습니다.

5장 호전반응을 통해 질병을 치유한 사람들

1) 깨끗한 피부를 선사해준 호전반응의 힘

광산에서 일했던 D씨는 심한 피부 염증을 앓았고 툭 하면 알레르기에 딱지가 앉고 성인 아토피 비슷한 피부 가려움 때문에 오랫동안 고통을 받아왔다. 아무리 약을 써 봐도 소용이 없던 차에 반신반의하는 마음으로 먹게 된 건강기능식품이 효과를 내기 시작했다.

처음에는 별 반응이 없었지만 뒷목 피부가 가려워지면서 진물이 흐르기 시작한 것이다. 그는 처음에는 증상이 더 심해진다고 생각했지만 기능식품 복용을 중단하지 않기로 결심했다. 그래서 먹던 양을 조금 줄이고 추이를 보면서 다시금 용량을 늘려나갔다. 그러자 이번에는 더 큰 반응이 나타났다. 독소가 빠지는지 피부를 통해 진물이 너무 많이 나와 가재 수건으로 감싸야 하고 침대에는 타월을 여러 겹 깔아야 할 정도였다. 나아가 밤이면 너무 가려워서 잠을 이룰 수 없었다.

옆에서 지켜보던 사람들은 병원에 가지 않는다고 야단을 했지만 D씨는 자신이 먹고 있는 기능식품에 대한 확신이 있었기에 꾸준히 섭취를 했고 일체 화학 성분이 든 약을 먹지 않았다. 그리고 D씨는 현재 얼굴과 몸 전체의 피부가 깨끗해졌고 더 이상 목욕탕에 가서도 몸을 숨기지 않아도 될 정도가 되었다.

2) 무력감과 스트레스를 호전반응으로 극복하다

지난 20여 년 동안 지하상가에서 옷가게를 운영했던 B씨는 어느 날부터 이곳저곳 아프지 않은 곳이 없을 정도였다. 그녀가 근무했던 지하상가는 나쁜 환경으로 유명한 곳이었다. 무엇보다도 미세먼지가 지나친 농도로 가득 차 있었고, 물건을 팔면서 받는 스트레스 때문인지 40대 접어들면서 눈이 심하게 충혈되고 무기력증과 함께 나른함과 권태감이 찾아왔다.

게다가 B씨는 무릎이 삐걱거리는 무릎관절 통증으로 15년째 고생하고 있었다. 계단을 오를 때는 무릎에서 소리가 나는 듯했고 급히 걸으면 찌르는 듯한 통증에 시달렸다. 결국 B씨는 2008년에는 심한 통증을 견딜 수 없어 연골주사를 5회 맞았으나 큰 효과를 보지 못했다.

그러던 B씨가 달라지기 시작한 것은 통증 개선을 위해 건강기능식품을 섭취하면서부터였다. 건강기능식품이 통증을 개선한다는 것에 반신반의했으나 순수 생약 성분이라 부작용이 전혀 없다는 점에 섭취를 하게 되었다. 그리고 섭취 3~4일이 지나면서 B씨는 생각지도 못한 난관에 부딪쳤다. 가장 먼저 찾아온 것은 몸살처럼 느껴지는 발열과 전신 통증이었다. 그런 상태가 약 일주일 정도 지속되었고 그간 B씨는 가게에도 나갈 수 없을 정도였다. 하지만 이것이 호전반응이라는 것을 미리 인지하고 있었던 터라 기능식품 섭취를 중단하지는 않았다.

그런데 그것이 가라앉자 신기한 일이 벌어졌다. 몸이 이전보다 훨씬 가뿐하고 발걸음도 가벼워진 것이다. 이후로도 B씨는 비슷한 증세를 몇 번 더 반복했고 통증이 심했다가 가벼워졌다가 다섯 차례 정도 지나갔다. 드디어 호전증상이 다 지나갔는지 B씨는 몸이 훨씬 달라진 것을 느꼈다. 어느 날 오후부터 피곤함과 무력감 권태감이 없어지면서 늘 고질병이던 무릎을 찌르는 듯한 통증이 더 이상 느껴지지 않게 된 것이다.

3) 혈액의 종양을 제거해 준 호전반응

F씨는 위장병과 만성위염, 수술 직전의 치질과 안면마비를 앓고 있었지만 딱히 치료법을 찾지 못한 상황이었다. 그렇게 병을 키우고 있을 때 2007년 10월 갑자기 심한 어지러움 증세가 찾아왔다. 조금 있으면 가라앉을 것이라고 생각한 F씨는 증상이 점점 더 심해지다가 풍병 비슷한 증세가 나타나자 더럭 겁이 났다. 자신도 모르게 몸에서는 기운이 빠지고 입에서는 침이 흐르고 혀가 굳어지기 시작했다.

결국 F씨는 가끔 침을 맞던 한의원을 찾았다. 진단 결과는 청천벽력이었다. 오랜 만성병으로 인해 전신의 반에 중풍이 왔다는 것이다. 급히 혀와 온몸에 침을 놓았지만 아무런 효험이 없었고, 이튿날에는 종합병원 신경과를 찾아 여러 검진을 받았지만 놀랍게도 여기서는 아무 이상이 없다는 결과가 나왔다.

그렇게 F씨는 무려 두 달이 지나도록 병명을 찾지 못해 혈액종양과로 옮겨 처음부터 다시 검진을 받았고, 3주 후 더 무서운 결과가 나왔다. 바로 혈액 암 진단이었다. 깊은 좌절에 빠져 집에서 지내기를 며칠, 그러다가 F씨의 장녀가 건강기능식품을 챙겨서 그를 찾아왔다. 아버지는 아무 걱정 말고 이것만 드시면 낫는다는 믿음을 주며 섭취하라는 말을 남겼다.

F씨는 반신반의하면서도 딸의 정성이 고마워 기도하는 마음으로 기능식품을 먹었고, 그렇게 3주가 지나 담당 의사를 찾아가 검사를 받았는데 놀랍게도 암 수치가 많이 떨어졌다면서 좋은 결과라고 기뻐했다.

그런데 얼마 뒤 다시 놀랄 일이 일어났다. 어느 날 아침에 일어난 F씨는 입술이 축축해 문질러 보니 코피가 흥건하게 흐르고 있는 것을 발견했다. 게다가 하루가 아니라 4일 동안 코피 흐름이 계속되자 겁이 나기도 했다.

심지어 변을 보고 나면 변기 안에도 작은 피 덩어리가 가득했다. 깜짝 놀란 F씨는 딸에게 전화를 했고 F씨의 딸은 그것은 몸이 좋아지는 호전반응이라며 그를 진정시켰다.

딸의 말은 틀리지 않았다. 가장 먼저 F씨는 만성비염과 변비와 치질의 고통에서 벗어났다. 그리고 반 년 뒤 재검사 결과 혈액 암이 완치되었다는 소식을 들었다. 매우 놀란 의사에게 지난 과정을 이야기했더니 처음 혈액 암 진단 후 3~4주부터 항암치료를 계획하고 준비했는데 수치가 떨어지기에 잠시 미루었고, 일시적인 현상일 것이 아닌가 의심했다는 말이 돌아왔다.

4) 호전반응이 허리 디스크를 치유하다

Z씨는 허리 통증으로 몇 년을 앓았다. 그때마다 정형외과를 찾아 주사를 맞고 물리치료를 받았고, 한의원에서도 셀 수 없이 많은 침을 맞고 한약을 먹었지만 몸으로 일하는 직업을 가진 그로서는 쉴 수가 없었고 그러다 보니 증상도 계속해서 악화 일로를 걸었다. 그러던 2007년부터는 허리뿐만 아니라 엉덩이, 한쪽 다리까지 저리기 시작하면서 5분 이상 걷기 힘들어 계속 앉아서 쉬기를 반복해야 했다.

병원에서 허리 사진을 찍어보니 '디스크 협착증' 이라고 했다. 집과 이웃들은 수술을 하라고 권했지만 Z씨는 몸에 칼을 대는 것을 거부했다. 행여 잘못될 경우 평생 고생하고 계속 병원을 들락대야 한다는 것을 잘 알았기 때문이다. 그래서 Z씨는 3개월 물리치료를 택했지만 2개월이 지나도 별 차도가 없었고, 이후 1주에 한 번씩 허리 주사를 맞을 때마다 다리가 30분씩 마비되어 다리가 풀려야 집에 오곤 했다.

그러던 어느 날 버스를 타고 병원을 가는데 이웃 아파트에 사는 한 지인이 건강기능식품 하나를 꼭 한번 먹어보라고 권했다. Z씨는 우연찮게 인연을 맺은 그 건강기능식품을 곧바로 섭취하기 시작했다.

그리고 5개월 후, 처음에는 별 차도가 없다고 느꼈는데 어느 날 생각지도 못한 일이 벌어졌다. 아팠던 허리가 더 아프기 시작한 것이다. 그래서 기능식품을 권한 지인에게 물어보니 증상이 좋아지는 현상인 호전반응이며, 그 아픔을 참아야 몸이 낫는다는 대답이 돌아왔다.

당시 Z씨는 더는 물러설 곳 없는 벼랑 끝이었다. 따라서 그 말에 아픔을 견디며 오히려 먹는 양을 늘려나가기 시작했다. 그러자 놀랍게도 가장 아팠던 허리가 가장 먼저 좋아지기 시작했다. 이어서 엉덩이와 다리 저림도 놀랄 만큼 좋아지기 시작했다.

Z씨에게 이제 길을 나설 때마다 저기까지 어떻게 걸어가나 걱정하던 모습은 먼 과거의 일이다. 현재 그는 빨리 걷지는 못해도 무리 없이 걷고 서 있는 자신의 건강에 감사하며 지내고 있다.

5) 저혈압과 순환장애를 호전반응으로 이겨내다

한 가정의 주부였던 A씨는 부유하지 못한 가정에 시집을 와서 생활고에 시달렸다. 하루하루 아이들 교육비를 마련할 수 있을까 하는 고민을 안고 청과물 장사를 하는 것이 그녀의 삶이었다.

A씨는 매일 최선을 다해 살기 위해 늦은 시간까지 길거리 장사를 마다하지 않았다. 새벽같이 일어나 청과물을 떼어오고 식사를 걸러 가며 팔고 하는 고된 하루 일과를 반복했고, 결국 고된 생활은 그녀에게 몸의 냉증과 심한 위장장애를 안겨주었다.

A씨는 속이 늘 쓰렸고 소화불량 때문에 병원을 전전했지만, 병원에서는 규칙적으로 생활하고 일을 줄이라는 말이 전부였다. 게다가 하루도 빠짐없이 약을 한 움큼씩 먹으면서 몸은 점점 쇠약해지기 시작했으며, 설상가상으로 좌골신경통과 저혈압, 순환장애로 와사풍이라는 진단까지 받고 세상 살아갈 용기를 잃게 되었다.

그 무렵 A씨에게 호의를 베풀던 이웃이 그녀에게 자신이 먹는 건강기능식품을 소개했다. 처음에는 그저 힘이라도 북돋아보자고 먹기 시작한 건강기능식품이 예기치 못한 상황을 가져올 것이라고 A씨는 조금도 생각지 못했다.

그저 무언가 조금씩 원기를 되찾는 것 정도가 그녀가 느끼는 전부였다. 하지만 무려 7개월 동안 섭취하는 동안 A씨는 다양한 호전반응을 경험했다. 아침마다 자리에서 일어나는 게 너무 힘들어서 눈물이 날 정도였고, 수시로 졸음이 쏟아졌다. 또한 구역감과 복통 때문에 식사조차 제대로 할 수 없을 정도였다.

그러던 어느 날 아침, A씨는 아침마다 찾아왔던 무기력감이 가시기 시작하는 것을 느꼈다. 놀라운 기분에 자리를 걷고 일어났는데 아픈 것이 훨씬 덜하고 머리가 맑았다. 얼마 뒤부터는 장사를 하다가 깜빡 졸 정도로 피곤했던 몸이 생생하기만 했고, 그러다 보니 자연스레 위장도 좋아지고, 특히 저혈압과 순환장애가 씻은 듯 사라졌다. 차츰 차츰 몸이 좋아지면서 기분도 좋아지고 건강해질 수 있다는 믿음이 생기면서 병의 차도도 빨라지기 시작했다.

병원에서도 어떻게 할 수 없었던 증상들을 호전반응을 통해 치료한 A씨는 결국 자신의 몸은 자신의 힘으로 지켜야 한다는 것을 뼈저리게 느끼게 되었고 지금도 건강하게 장사를 유지하고 있다.

호전반응으로 찾아가는 새로운 건강의 길

"아프다면 그냥 내버려두라! 그리고, 자연과 가까워져라."

사실 이 말을 들었을 때 이것을 몸소 시행할 수 있는 사람이 몇이나 될 수 있을지 의문이 들게 된다.

다만 우리는 어린 시절부터 다양한 질병들을 겪으면서 스스로 면역력을 길러왔고, 이렇게 길러진 면역 체계는 우리 체내에 다양한 호전반응을 통해 병을 극복할 수 있는 시스템을 심어 놓았다.

지금껏 우리는 증상이 나타나면 무조건 약이나 수술을 통해 억제하는 현대의학의 패러다임에 길들여져 왔다. 하지만 이제 세계는 동양적 관점에서 질병을 바라보는 대체의학의 흐름을 받아들이고 있으며, 거기에는 자연치유력을 극대화해서 질병을 극복하는 호전반응이 핵심적인 미래 건강 패러다임으로 등장하고 있다.

지금껏 우리가 알아본 호전반응에 대한 지식은 사실상 아주 일부에 불과하다. 또한 이론으로서의 호전반응보다 중요한 것은 앞으로 일상 속에서 경험하게 될 보다 광범위한 실제적 호전반응이다.

이 책이 바로 그 놀라운 자연치유의 세계로 들어가는 첫 걸음이 되기를 바라며, 현대인 개개인들 또한 진정한 건강 증진을 위해 자연치유적 관점의 대체의학에 대해 관심을 가지도록 노력할 수 있기를 바라는 마음이다.

마지막으로, 호전반응을 요약해보면 자연치유의 근본인 相生과 相剋이 우리의 신체 내부에서 동시에 발생하여 자연치유의 극대점에 도달하므로서, 자신도 모르는 신체의 변화가 수일에서 수주까지 나타났다가 자연 소멸됨으로서 건강한 몸을 유지할 수 있다는 것이다.

양 우 원

참고도서

자연은 알고 있다/앤드루 비티 폴 에얼릭 지음/궁리

노화와 질병/레이 커즈와일 지음/이미지 박스

면역처방101/아보 도오루 지음/전나무 숲

독소배출 / 장량듀어 지음 김다연 옮김 / 태웅출판사

우리 몸은 거짓말하지 않는다 / 이승원 / 김영사

건강기능 식품 알고 먹자/윤철경/모아북스

식품진단서 / 조 슈워츠 지음 김명남 옮김 / 바다출판사

훅이 들려주는 세포 이야기 / 이흥우 지음 / (주)자음과모음

파블로프가 들려주는 소화 이야기 / 이흥우 지음 / (주)자음과모음

사람의 몸에는 100명의 의사가 산다 / 서재걸 / 문학사상

인체를 지배하는 메커니즘 / 뉴턴코리아